丝绸之路系列丛书

刘元风　赵声良　主编

敦煌服饰艺术图集

菩萨卷

（下册）

刘元风　蓝津津　编著

中国纺织出版社有限公司

内 容 提 要

“丝绸之路系列丛书”共包括菩萨卷上、下册，天人卷，世俗人物卷上、下册，图案卷上、下册，艺术再现与设计创新卷8个分册。本册为菩萨卷下册。敦煌石窟中遗存了大量菩萨像，其精美、绚丽的服饰艺术展现了东西方文化交织的独特审美与时代特征。菩萨卷选取敦煌石窟艺术中具有代表性的菩萨像，以数字绘画形式厘清服饰的造型结构，并对菩萨像头部、手部与持物、足踏莲花等局部细节进行了重点线描绘制，以便于读者理解与摹画。

本书可供传统服饰文化爱好者、石窟文化爱好者参考使用，也可供服装设计师、平面设计师等相关从业人员学习借鉴。

图书在版编目（CIP）数据

敦煌服饰艺术图集．菩萨卷．下册 / 刘元风，蓝津津编著．-- 北京：中国纺织出版社有限公司，2024. 10

（丝绸之路系列丛书 / 刘元风，赵声良主编）

ISBN 978-7-5229-1819-8

Ⅰ．①敦…　Ⅱ．①刘…　②蓝…　Ⅲ．①敦煌学－服饰文化－中国－图集　Ⅳ．① TS941. 12-64

中国国家版本馆 CIP 数据核字（2024）第 111999 号

Dunhuang Fushi Yishu Tuji Pusa Juan

责任编辑：孙成成　　责任校对：高　涵　　责任印制：王艳丽

中国纺织出版社有限公司出版发行
地址：北京市朝阳区百子湾东里 A407 号楼　邮政编码：100124
销售电话：010—67004422　传真：010—87155801
http://www.c-textilep.com
中国纺织出版社天猫旗舰店
官方微博 http://weibo.com/2119887771
北京华联印刷有限公司印刷　各地新华书店经销
2024 年 10 月第 1 版第 1 次印刷
开本：889 × 1194　1/16　印张：8.25
字数：70 千字　定价：98.00 元

总序

伴随着丝绸之路繁盛而营建千年的敦煌石窟，将中国古代十六国至元代十个历史时期的文化艺术以壁画和彩塑的形式呈现在世人面前，是中西文明及多民族文化荟萃交融的结晶。

敦煌石窟艺术虽始于佛教，却真正源自民族文化和世俗生活。它以佛教故事为载体，描绘着古代社会的世俗百态与人间万象，反映了当时人们的思想观念、审美倾向与物质文化。敦煌壁画与彩塑中包含大量造型生动、形态优美的人物形象，既有佛陀、菩萨、天王、力士、飞天等佛国世界的人物，也有天子、王侯、贵妇、官吏供养人及百姓等不同阶层的人物，还有来自西域及不同少数民族的人物。他们的服饰形态多样，图案描绘生动逼真，色彩华丽，将不同时期、不同民族、不同地域、不同文化服饰的多样性展现得淋漓尽致。

十六国及北魏前期的敦煌石窟艺术仍保留着明显的西域风格，人物造型朴拙，比例适度，采用凹凸晕染法形成特殊的立体感与浑厚感。这一时期的人物服饰多保留了西域及印度风习，菩萨一般呈头戴宝冠、上身赤裸、下着长裙、披帛环绕的形象。北魏后期，随着孝文帝的汉化改革，来自中原的汉风传至敦煌，在西魏及北周洞窟，人物形象与服饰造型出现“褒衣博带”“秀骨清像”的风格，世俗服饰多见蜚襳垂髾的飘逸之感，裤褶的流行为隋唐服饰的多元化奠定基础。整体而言，此时的服饰艺术呈现出东西融汇、胡汉杂糅的特点。

随着隋唐时期的大一统，稳定开放的社会环境与繁盛的丝路往来，使敦煌石窟艺术发展至鼎盛时期，逐渐形成新的民族风格和时代特色。隋代，服饰风格表现出由朴实简约向奢华盛装过渡的特点，大量繁复的联珠、菱形等纹样被运用到服饰中，反映了当时纺织和染色工艺水平的提高。此时在菩萨裙装上反复出现的联珠纹，表现为在珠状圆环或菱形骨架中装饰狩猎纹、翼马纹、凤鸟纹、团花纹等元素，呈现四方连续或二方连续排列，这种纹样是受波斯萨珊王朝装饰风格影响基础上进行本土化创造的产物。进入唐代，敦煌壁画与彩塑中的人物造型愈加逼真，生动写实的壁画再现了大唐盛世之下的服饰礼仪制度，异域王子及使臣的服饰展现了万国来朝的盛景，精美的服饰图案将当时织、绣、印、染等高超的纺织技艺逐一呈现。盛唐第130窟都督夫人太原王氏供养像，描绘了盛唐时期贵族妇女体态丰腴，着襦裙、半臂、披帛的华丽仪态，随侍的侍女着圆领袍服、束革带，反映了当时女着男装的流行现象。盛唐第45窟的菩萨塑像，面部丰满圆润，肌肤光洁，云髻高耸，宛如贵妇人，菩萨像的塑造在艺术处理上已突破了传统宗教审美的艺术范畴，将宗教范式与唐代世俗女性形象融为一体。这种艺术风格的出现，得益于唐代开放包容与兼收并蓄的社会风尚，以及对传统大胆革新的开拓精神。

五代及以后，敦煌石窟艺术发展整体进入晚期，历经五代、北宋、西夏、元四个时期和三个不同民族的政权统治。五代、宋时期的敦煌服饰仍以中原风尚为主流，此时供养人像在壁画中所占比重大幅增加，且人物身份地位丰功显赫，成为画师们重点描绘的对象，如五代第98窟曹氏家族女供养人像，身着花钗礼服，彩帔绕身，真实反映了汉族贵族妇女华丽高贵的容姿。由于多民族聚居和交往的历史背景，此时壁画中还出现了于阗、回鹘、蒙古等少数民族服饰，真实反映了在华戎所交的敦煌地区，多民族与多元文化交互融汇的生动场景，具有珍贵的历史价值。

敦煌石窟艺术所展现出的风貌在中华历史中具有重要地位，体现了中国传统服饰文化在发展过程中的继承性、包容性与创造性。繁复华丽的服装与配饰，精美的纹样，绚丽的色彩，对当代服饰文化的传承发展与创新应用具有重要的现实价值。时至今日，随着传统文化不断深入人心，广大学者和设计师不仅从学术研究的角度对敦煌服饰文化进行学习和研究，针对敦煌艺术元素的服饰创新设计也不断纷涌呈现。

自2018年起，敦煌服饰文化研究暨创新设计中心研究团队针对敦煌历代壁画和彩塑中的典型的服饰造型、图案进行整理绘制与服饰艺术再现，通过仔细查阅相关的文献与图像资料，汲取敦煌服饰艺术的深厚滋养，将壁画中模糊变色的人物服饰完整展现。同时，运用现代服饰语言进行了全新诠释与解读，赋予古老的敦煌装饰元素以时代感和创新性，引起了社会的关注和好评。

“丝绸之路系列丛书”是团队研究的阶段性成果，不仅包含敦煌石窟艺术中典型人物的服饰效果图，同时将彩色效果图进一步整理提炼成线描图，可供爱好者摹画与填色，力求将敦煌服饰文化进行全方位的展示与呈现。敦煌服饰文化研究任重而道远，通过本书的出版和传播，希望更多的艺术家、设计师、敦煌艺术的爱好者加入敦煌服饰文化研究中，引发更多关于传统文化与现代设计结合的思考，使敦煌艺术焕发出新时代的生机活力。

刘元风

2023年11月

自序

敦煌菩萨像服饰的造型特征

敦煌是中国古代陆上丝绸之路的重镇，来自古印度的佛教艺术沿“丝路”传入中国，与中原及各民族文化思想在敦煌汇聚，多元文明与多民族文化的交融，造就了敦煌石窟独特的艺术形式。4~14世纪，敦煌艺术历经了整整十个世纪一千多年生生不息的发展与汇聚演变过程，是名副其实的中华文化艺术宝库。敦煌石窟中遗存有大量菩萨像，历史悠久，数量庞大且序列完整，形态变化丰富，多数菩萨像的服饰形制及纹样、色彩保存完好，展现了东西方文化交织的独特审美与时代特征。

菩萨，具名菩提萨埵（Bodhisattva），意为“觉悟有情”。在大乘佛教中，菩萨是仅次于佛陀的第二等果位，释迦牟尼在成佛之前，即以“菩萨”尊称。在敦煌石窟中，菩萨像通常表现为宝冠裙帔、斜披罗衣、环佩璎珞的华丽形象。

敦煌石窟中所见菩萨像基本可分为两类：一类是佛经中有记载名号的菩萨像，如观世音菩萨、大势至菩萨、文殊菩萨、普贤菩萨、地藏菩萨等；另一类是主尊佛像的胁侍及其他听法与供养的众菩萨像，通常无具体名号及题记。

敦煌菩萨像的表现形式分为两种：一是彩塑菩萨像，二是壁画菩萨像。彩塑菩萨像通常位于主室龛内、外两侧，或站，或半跏趺坐，又或胡跪，为主尊佛像的胁侍菩萨。壁画菩萨像的呈现方式较丰富。首先，在洞窟壁画相对独立的壁面中处于主体位置的菩萨像，如隋代洞窟中出现多幅以菩萨为主尊的说法图，以弥勒菩萨说法图和观世音菩萨说法图多见，在唐代洞窟主室西壁龛外两侧常对称出现两身立姿单尊的菩萨像，位置显眼，形象突出，服饰绘制精美绝伦。其次，在洞窟壁画中处于主尊、胁侍及其他众菩萨像，主要包括经变画以及说法图中的听法与供养菩萨像。

菩萨作为极具代表性的佛教神祇，其形象本身来源于人们自身的思想信仰，在佛教一路东传的过程中，菩萨像的服饰不断吸收、融合不同民族的服饰文化元素，呈现出多元化的时代与地域特色。

敦煌石窟北朝早期，菩萨像仍多为西域装束，头戴宝冠，缯带翻飞，上身赤裸，下着长裙，姿态优雅。菩萨像的身体绘制运用了来自西域的凹凸晕染法，线条淳厚，因变色而更显体态健美、风格粗犷。北魏后期，随着孝文帝汉化改革的深入，敦煌石窟中开始大量出现汉地服饰装束的菩萨像。在西魏时期第285窟中，菩萨像身着大袖襦裙，双肩披“X”形交叉披帛，更有菩萨内着曲领中单，脚上穿的正是汉地流行的笏头履，宛如中原贵族，整体画面线条爽朗流畅，呈现“秀骨清像”“褒衣博带”的飘逸之气。

进入隋代，南北统一，“丝路”畅通，加之统治者对佛教文化的推崇，为敦煌地区石窟艺术的发展创造了良好的条件。隋代短暂的三十余年，莫高窟凿建洞窟有百余个。伴随东西方文化的深入交织，敦煌石窟艺术形成了新的民族风格。隋代菩萨像的比例形态更加自然匀称，面容趋向汉化，头戴火焰宝珠冠，上身穿着僧祇支，肩披长披帛并交络两臂，下着长裙，仪态端庄。僧祇支原本为佛教律典记载的佛衣和僧衣，在北朝时期被菩萨像吸收，成为隋代敦煌石窟菩萨像的主流上衣，并一直延续至唐代。值得注意的是，从隋代中后期开始，菩萨像的僧祇支和长裙上满饰花纹，有菱形纹、联珠纹、团花纹、忍冬纹等。其中，联珠纹中还有狮子、天马、凤鸟等有翼神兽，尽显东西方文化交融之风。

唐代前期，在开放包容、兼收并蓄的社会背景下，敦煌石窟艺术发展至极盛，伴随丝绸之路的繁盛以及唐代纺织技艺的发达，菩萨像服饰样貌更加精美。首先，菩萨像的造型强化写实性，比例形态生动逼真，身体匀称修长，肌肉感与关节动态自然真实，追求健康与健美，神态刻画更加细腻，面相丰腴，慈祥柔美，女性化程度日益明显；其次，菩萨像服饰造型丰富多样，络腋代替了僧祇支成为菩萨像的主流衣饰，透明纱罗长裙与华美织锦长裙相继出现，披帛飘逸，宝冠、璎珞、臂钏、耳珰、手镯、指环等装饰缀满全身，腰间搭配腰襻、裙带与彩绦，更显菩萨像的华贵不凡；再次，菩萨像服饰图案题材丰富、绚丽多彩，既有传统的几何填花纹、团花纹、十字散花纹，又有来自西域与中原文化融合而成的卷草纹，还有佛教色彩浓郁的宝相花纹，呈现出花团锦簇与中西合璧的艺术特色，充分体现了唐代繁盛的纺织品与精湛的染织工艺；另外，对比强烈的色彩组合在唐代菩萨像服饰上展现出完美的契合度，体现了唐代独特的色彩调和形式与色彩调和观念，展现出敦煌菩萨像服饰色彩在对比中寻求和谐统一的时代风格。

中晚唐至五代宋时期，敦煌石窟艺术的风格出现转折，唐前期明艳富丽的色彩开始趋于清淡，大多数人物形象赋彩简洁、色调明快、线条明确，部分壁画与彩塑出现程式化现象。菩萨像的服饰造型趋于典型化，整体服饰重叠厚重，衣纹细密繁复，再无前期的轻透之感。织锦长裙覆脚面而垂地，长而宽大的双色披帛覆肩下垂在身前交络双臂，形成上、下“U”形。此时的菩萨像整体简淡雅致，服饰图案多流行茶花、卷草、团花等精致的植物类纹样。中唐以后，汉传密教盛行，敦煌石窟塑像、壁画及绢画中出现了大量风格奇特的密宗菩萨像，常见多首多臂的造型，面部表情除慈面外，还有犬牙面、欢喜面、瞋面、思惟面等，也有手执法器与宝物的十一面八臂的观世音菩萨。菩萨像多着络腋与长裙，头冠、璎珞、臂钏、手镯极其华丽，身体比例标准，宽肩细腰，反映出印度式的审美。

西夏和元代时期，敦煌石窟艺术中出现了两种迥然不同的绘画风格：一种是汉风，多运用中原画法；另一种是吐蕃风，多见藏密题材。西夏占领敦煌初期，汉密艺术依然流行，来自中原的山水、人物画法传入敦煌，多以线描造型为主，用色简淡。榆林窟第3窟中的文殊菩萨和普贤菩萨赴会图，背景为巨幅山水图，气势恢宏，两尊菩萨半跏趺坐于白象背莲座之上，足踏莲花，神情端庄沉静，头梳云髻，佩戴高耸、华丽的宝冠。文殊菩萨穿着袍服，普贤菩萨内穿络腋，下着罗裙，裙裾在身体四周散开，披帛和飘带在身体及四肢上相互交叠缠绕而飘拂。画面线条虚实轻重有序，顿挫转折有致，充分反映出两宋绘画对敦煌石窟艺术的影响。至西夏中期，来自吐蕃的藏传佛教传入敦煌并迅速盛行。此时的壁画多流行密教曼陀罗题材，出现的菩萨形象包括一面八臂不空绢索观音、五十一面千手千眼观音、一面六臂如意轮观音、金刚萨埵菩萨等。菩萨像多头戴宝冠，深目高鼻，曲发披肩，古铜色或蓝绿色肌肤，长臂细腰，手足缦相，身姿优美，具有印度波罗蜜教艺术风格，充满神秘之感。

综上所述，佛教自印度传入中国本土，至敦煌，已跨越了地域与种族、时空与文化的限制，融汇了来自古西亚、中亚、南亚与东南亚文明，吸收了西域少数民族、中原本土文化，形成了风格独特、形式丰富的敦煌石窟艺术，也造就了敦煌菩萨像服饰的特殊地位与重要影响。

敦煌石窟艺术在中国美术史及艺术发展史上具有重要意义，敦煌石窟中丰富多彩的菩萨像服饰所表现出的宗教性、民族性与世俗化之间的有序互动与融合，展现了中国传统服饰文化在发展过程中的继承性、包容性与创造性，对探究多元文化及多民族文化的交融互动具有重要作用。敦煌石窟菩萨像服饰在中国传统服饰文化中具有重要地位，是丝绸之路文化背景下的优秀典范。菩萨像服饰中繁复华丽的服装与配饰，精美的纹样，绚丽的色彩，对当代服饰文化的创新设计与交流发展具有重要的现实应用价值。

《敦煌服饰艺术图集·菩萨卷》分为上、下两册，主要内容包含敦煌石窟艺术中经典菩萨像精美的服饰效果图，以及相对应的线描图。此外，还对菩萨像头部、手部与持物、足踏莲花等局部细节进行了重点线描绘制，便于读者理解与摹画。

编著者

2023年11月

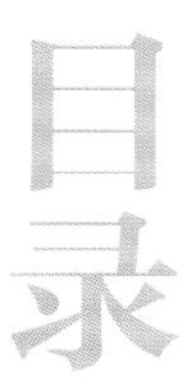

盛唐

中晚唐

局部

盛唐

莫高窟盛唐第199窟主室西壁龛外南侧菩萨服饰

图文：刘元风

菩萨形象端庄秀美，含情脉脉，眉间点缀白毫。左手托宝瓶，右手轻拈柳枝，跣足立于莲花座上。上身穿石绿色右袒式僧祇支，边缘有白色半团花纹装饰，肩披蓝色丝质披帛。下着深红色织花长裙，裙摆处镶饰蓝色贴边，内配绿色衬裙。腰部系有精美的长方形红绿宝石腰带。菩萨头束高髻，佩戴化佛冠，上饰有宝石镶嵌的火焰纹，身上佩戴的手镯与璎珞浑然相连，自肩部垂下的双色彩带与冠缯延伸下来的圆环形细带一起上下穿插环绕，使整套服饰动感十足，飘飘欲仙。

图：常青

莫高窟盛唐第199窟主室西壁龛顶西披北侧菩萨服饰

图：吴波　文：赵茜、吴波

菩萨侧立身，上身前倾，右手托举莲蕾，左手下垂持莲蕾，赤足站在双莲花座上。菩萨高鼻、深目、厚唇，脸庞丰圆，似西域人面相，神态前瞻。菩萨短卷发，有头光，戴宝冠，有臂钏、手镯。其上身着条帛，从右肩部斜垂至左边肋下的细长带状布，也被称为“络腋”。此外，在右肩上还搭饰有长条披帛，披帛在右臂前绕成环形，随后一端垂于右臂后，另一端从身后穿过搭绕在左腕上。菩萨下着腰裙和长裙，长裙材质轻薄，可清晰透出菩萨的腿部，并有层层叠叠的裙纹。

图：王绮璠

莫高窟盛唐第199窟主室西壁龛顶西披南侧供养菩萨服饰

图：吴波　文：赵茜、吴波

菩萨束发，有头光，戴宝冠，从冠的形制来看，应属矮花蔓冠，短宝缯垂于脑后。菩萨左手托举盛开的莲花，右手持盛开的莲花垂于体侧，赤足站在异色的莲花座上。正反两面双色披帛在身前形成“U”形，两端从双肩搭至背后，左侧一端自然下垂，右侧一端从身后搭绕在胳膊上。菩萨下着围腰和长裙，围腰裹在长裙外，两端垂于体前。在围腰下，有垂带系结装饰于长裙之外。

图：王唯维

莫高窟盛唐第199窟主室西壁龛顶南披供养菩萨服饰

图：吴波　文：赵茜、吴波

菩萨侧身单膝胡跪在莲花座上，眉目清秀，如祈愿状，双手交握放于胸前，听法似有所悟，整体氛围平和喜乐。菩萨梳高髻，戴宝冠，有头光，余发覆肩，戴项饰，项饰的中央有圆形钿饰。双肩搭饰披帛，从肩部垂下遮覆背部。菩萨下着围腰和长裙，围腰系在长裙外，上边缘有波浪状起伏。

图：刘畅

莫高窟盛唐第208窟主室西壁龛外南侧菩萨服饰

图文：刘元风

菩萨容貌丰润甜美，楚楚动人。左手托住花瓶，右手轻拈柳枝。上身斜披络腋，下身着赭石色丝质绣花罗裙，其下摆镶蓝色贴边。蓝色的腰裙上装饰精致的菱形纹样，宽宽的双面条带围在腰间，条带的正面呈绿色，背面是点缀几何纹的赭石色，条带缠绕在从腰部垂下来的蓝色绳带上。另有绿色彩绦自腰部垂于裙子两侧。菩萨头束高髻，余发披肩，佩戴化佛冠，上部正中和两侧装饰有日月图形，从冠缯延伸下来的彩带绕臂飘落。

图：王绮璠

莫高窟盛唐第217窟主室西壁龛外南侧大势至菩萨服饰

图文：刘元风

菩萨面相俊美，神态庄严，双目垂视，留有胡须。双手在腹部翻腕交叉，跣足立于莲花座之上。上身穿织锦僧祇支，上面的几何纹样细腻而精致，且镶饰红色织花贴边。下身着淡绿色碎花罗裙，肩披透明披帛绕臂后飘落。菩萨头戴莲花宝瓶冠，冠的两侧有火焰珠宝纹装饰。冠缯飘带和耳饰一起飘垂，自冠缯延伸下的彩带绕肘下落。莲花坠颈饰、臂钏、手镯绚丽多彩，瓔珞自肩部在身前与丝带、彩绳交相辉映。

图：常青

莫高窟盛唐第217窟主室西壁龛外北侧观世音菩萨服饰

图文：刘元风

菩萨面部圆润丰满，左手提净瓶，右手持青莲花，莲叶舒卷，上身披络腋，络腋正面为红色，背面为绿色，下身穿五彩缤纷的织锦长裙，三段式几何纹样瑰丽多姿，下摆处镶饰深灰色贴边和绿色的绲边。菩萨头束高髻，佩戴化佛冠，两侧镶嵌绿色宝石，并有日月纹饰点缀其上。红绿色冠缯系结在两侧。臂钏为粉红色玛瑙镶嵌，别具特色。项圈式短璎珞中镶嵌四颗绿宝石，长璎珞中部间隔有莲花纹宝珠，长短璎珞在菩萨右肩处相连接。薄纱披帛自肩部绕臂且在身体的前面左右飘拂，并与脚踩的莲花台相呼应。

图：常青

莫高窟盛唐第217窟主室东壁菩萨服饰

图文：刘元风

菩萨高鼻秀目，神情专注，跏趺坐于莲花座上，身体略向前倾，表现出对法华经的虔敬。菩萨头束高髻，余发披肩，头上佩戴绿松石镶嵌的三珠宝冠，冠体用红绿相间锯齿形装饰，其项链、耳环、臂钏、手镯等装饰品中也都镶嵌有绿松石，体现了装饰品的整体统一风格。菩萨身披黑褐色绣花络腋，下穿赭褐色织锦长裙，锦裙上有精美的几何形纹样装饰，裙摆镶饰蓝色贴边，肩披褐色绣花披帛。

图：王睢维

图文：刘元风

菩萨神情恬静，安详地跏趺坐于莲花台上，左手轻托璎珞珠串，右手手指翘起，似受佛法启迪而再作思量之状态。菩萨形象俊美，弯眉秀目，朱唇饱满，头束高髻，发辫披肩。菩萨头上佩戴摩尼珠镶嵌的莲花纹宝冠，三颗摩尼珠下都配有小的绿松石，并且这种摩尼珠在臂钏上也同时出现。菩萨上身斜披深红色络腋，络腋上有四瓣花纹饰；下身穿深红色长裙，裙下摆处有蓝色贴边，裙子上有六瓣花纹饰。自头冠两侧垂下的长带绕肘落于腿上，与肩披薄纱披帛交相呼应。

图：常青

莫高窟盛唐第217窟主室南壁菩萨服饰二

图文：刘元风

菩萨仪态从容，沉静跏趺坐于莲花台之上，双目微垂，点唇丰润饱满。菩萨头束高髻，余发垂肩，内穿僧祇支，外披绿色袈裟，其领缘和袖口处镶有红色贴边，腰系红色束带。下穿翠绿色长裙，裙子下摆处也镶有红色贴边。最外层是朱红色的袈裟，其左胸部有圆形的钩纽，袈裟底部翻卷处露出绿色的内里。

图：常青

图文：刘元风

菩萨五官雅致，启唇微笑，双手持琉璃花盘，双腿跪于圆毯之上。上身披络腋，络腋正面为深红色，上面点缀四瓣花纹饰，背面为褐色，络腋前面绕臂、后面搭背。下穿深红色阔腿裤，上有与络腋同样的四瓣花纹点缀其间，同时在大腿部位有条状围合的莲花纹装饰，腰部有系带状腰带，臀部有绿色彩带系结垂落。菩萨头发束髻后护肩，头上佩戴莲花纹发带，发带正中有圆形宝石点缀，耳环、手镯均为绿色珠串构成，并有透明的薄纱在身前上下缠绕。

图：王绮璠

莫高窟盛唐第219窟主室西壁龛下北侧供养菩萨服饰

图：吴波　文：赵茜、吴波

此身供养菩萨左侧身，跪坐于莲花座上，双臂上举略高于头顶，眉眼低垂，面部表情虔诚肃穆。头戴宝冠，宝冠中央饰有宝珠，宝珠四周有花瓣状装饰，冠座为空心圆环戴于头顶，冠缯从两侧耳后垂下并似在后颈部搭绕。菩萨戴手镯，双臂搭饰披帛飘落，腰部束围腰，围腰上边缘外翻呈波浪状，有璎珞绕身，围腰下着长裙。从服饰色调上看，冠缯、披帛、围腰均为绿色，长裙为绛红色，红绿相得益彰。

图：王唯维

图文：刘元风

菩萨素面如玉，留有胡须，双目凝视，似有所思。右手持香炉，左手食指和中指翘起，肩披绿色披帛，下身穿土红色曳地波浪裙。裙子分为内裙和外裙双层，内裙有蓝色的贴边，外裙的纵向贴边和横向贴边均为赭红色织锦。同时，裙子的侧面有裙带垂落。菩萨头上佩戴莲花冠，并有蓝宝石镶嵌在冠的正中与两侧，花冠两侧点缀有珠串垂坠，“X”形的长璎珞自颈部两侧垂至腹部，连接于严身轮上，由严身轮垂下两条宝石珠串落于两侧膝部。

图：王绮璠

莫高窟盛唐第225窟主室西壁龛顶南侧菩萨服饰

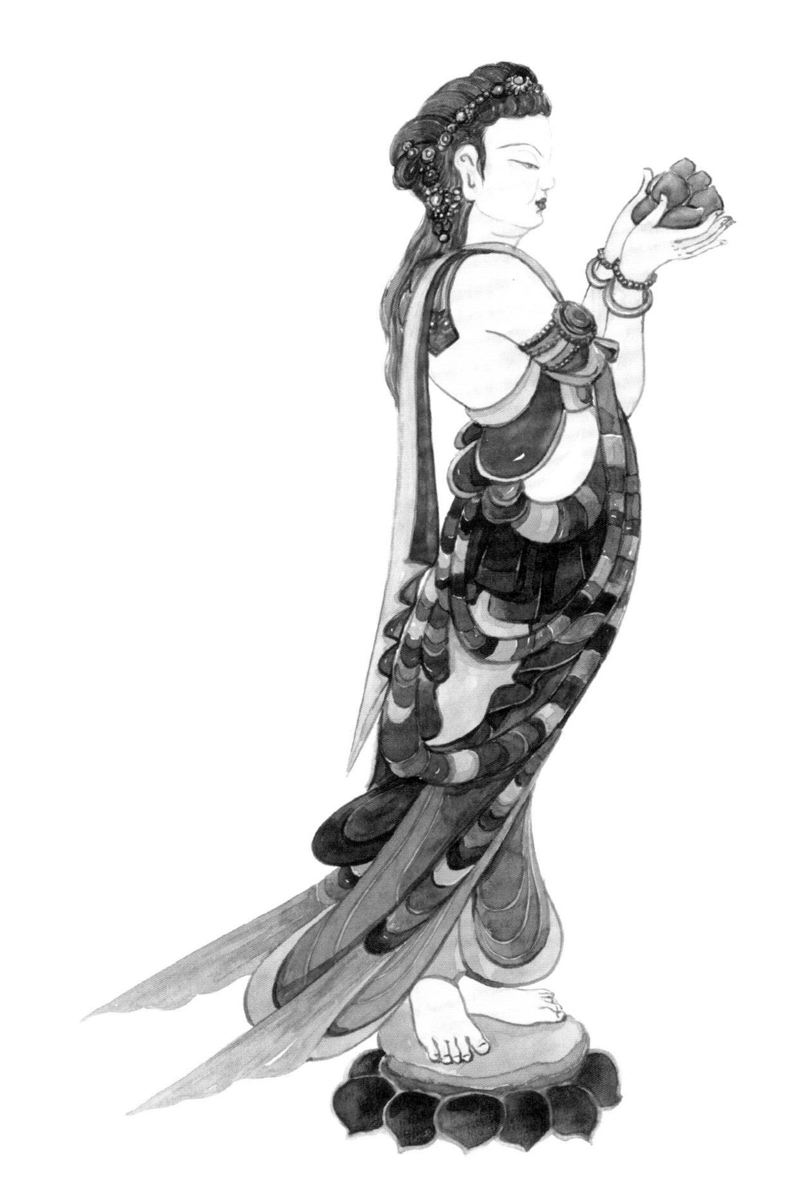

菩萨右侧身，修眉俊目，目光下视，上身后挺，双手捧莲，双脚踩在莲花座上，体态优美；梳低髻，头戴璎珞；戴臂钏、手镯，臂钏中央饰蓝色宝珠；身穿披帛，披帛从后背穿过右臂腋下环绕至右肩，又从右肩垂于身后。菩萨双臂缠绕细条带至身后形成多环“U”形，条带末端有形如燕尾的装饰，下着围腰与长裙，外裹的围腰因紧扎而在边缘处形成有韵律的波浪形裙纹，流畅的衣纹表现出面料的悬垂质感。服饰以绿、红对比为主，并以蓝色调和。

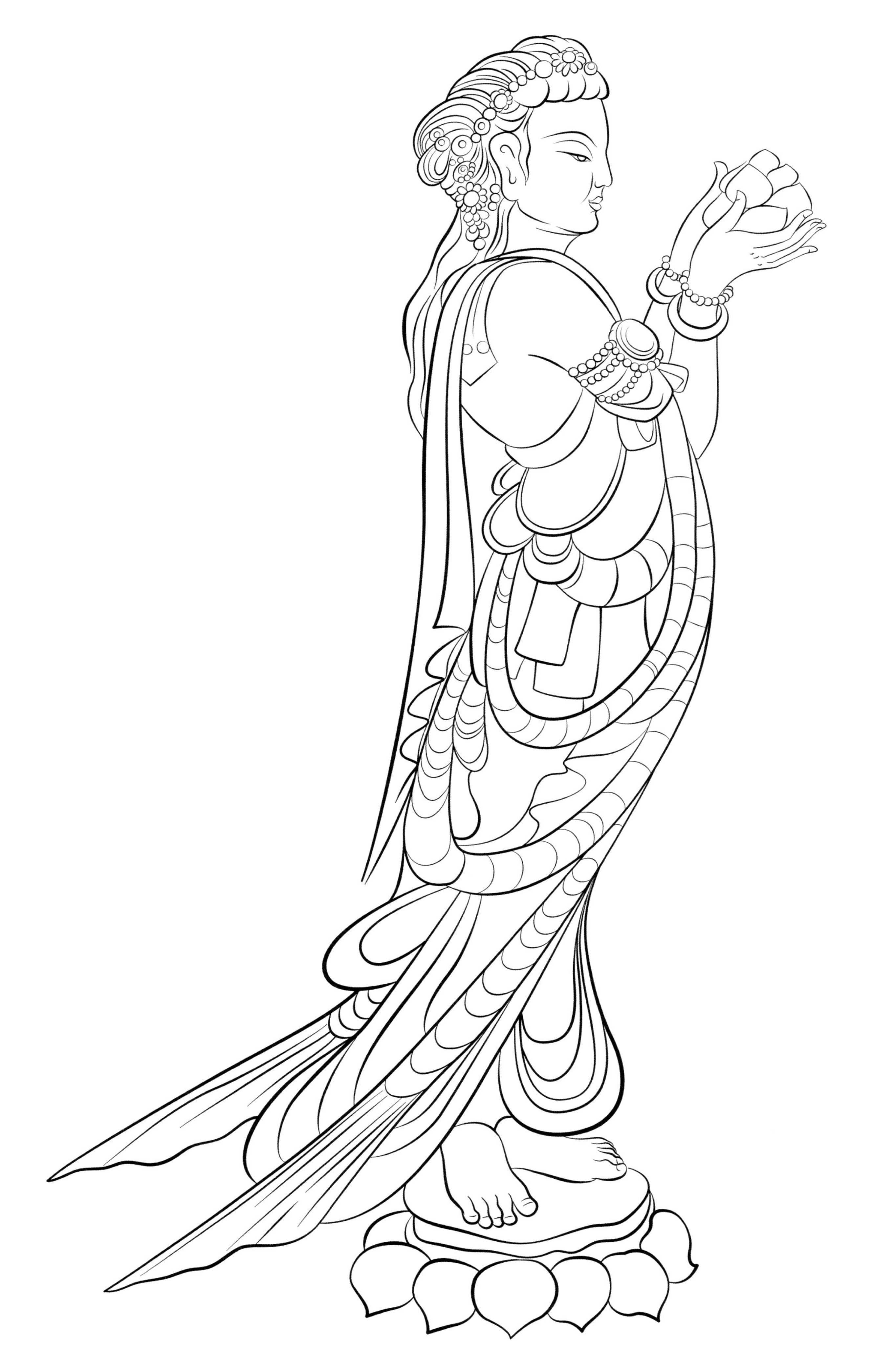

图：王绮璠

莫高窟盛唐第319窟主室西壁龛内北侧彩塑菩萨服饰

图文：刘元风

此身彩塑菩萨头束高髻，目光向龛外凝视，眉间点白毫，双耳垂肩。右手抬起，与左手做同样的手印。右腿盘屈，左腿垂下作“游戏坐”式坐于莲花台上，左脚踩莲花。菩萨上身袒露，斜披红色络腋并在胸部打结。下身穿红黄色的镶饰金边的织锦长裙，有散点式的卷曲纹装饰其间，与菩萨头光的缠枝纹有异曲同工之妙。腰间系深褐色波浪纹腰带，肩披红绿相间的披帛，绕臂垂落。莲花纹项链和臂钏、手镯相映成趣。

图：蓝津津

莫高窟盛唐第320窟主室北壁思惟菩萨服饰

图文：刘元风

思惟菩萨头束盛唐式高髻，余发披肩，莲花纹绿宝石镶嵌在正中位置，面容丰腴秀美，妩媚动人，肌肤洁净如玉，左手自然放于右小腿上，右手托腮，头微侧作沉思状。思惟菩萨略显慵散随意地坐于阁内床上，其右腿半跏，左腿下垂。菩萨上身赤裸，下着土红色长裙，外披宽而长的披帛，披帛的正面为绿色，背面为蓝色。值得注意的是，思惟菩萨的头上没有光环，脚下也没有莲花，看来应该是安居于“净土世界”的智者。

图：蓝津津

莫高窟盛唐第444窟主室南壁东侧菩萨服饰

图文：刘元风

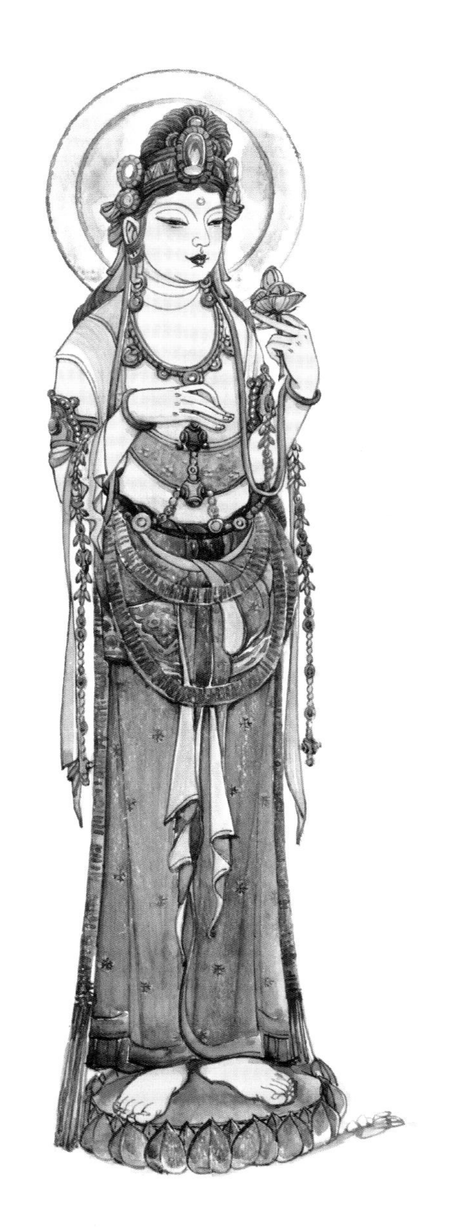

菩萨在主尊的右侧，有一副丰润秀丽的面孔，目光凝视，额上画白毫。左手持莲花，右手轻拈璎珞珠串，跣足立于莲花座之上。头束云髻，余发披肩，佩戴化佛冠，冠体中部有红宝石镶饰其上，两侧有双层镶嵌绿宝石的莲花纹装饰，宝缯下垂贴耳，璎珞自项圈中间下垂至腹部一分为二，又分别绕在左、右前臂垂落。菩萨上身披赭石色络腋，上有细小的三瓣花朵点缀其间；下身穿赭红色长裙，裙上有精致的四瓣花朵装饰，裙摆处镶蓝色贴边，臀部有织锦绣花腰裙，并有双色宽带围裹，且在腰下打结，两端呈波浪状飘垂。

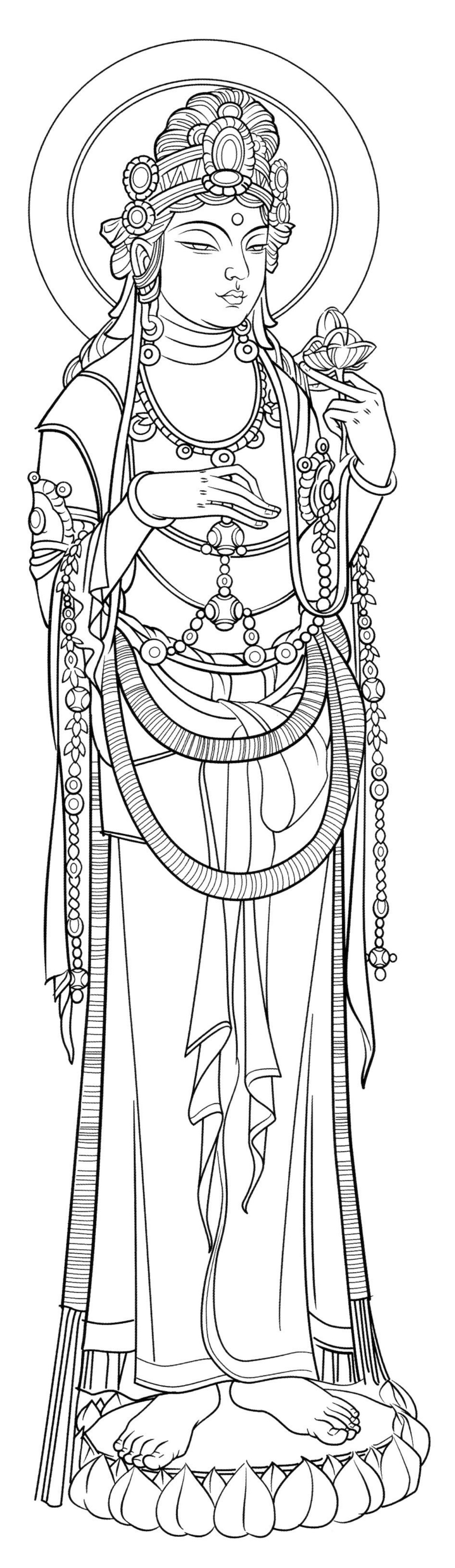

图：王唯维

莫高窟盛唐第444窟主室南壁西侧菩萨服饰

图文：刘元风

菩萨面容丰满，眉间有白毫。左手提净瓶，右手轻托莲叶和莲花。上身披红、绿两色络腋，下身穿赭石色、及脚面的长裙，四瓣花朵点缀其间，裙摆镶饰蓝色贴边。臀部穿有蓝色织锦腰裙，腰裙外围套双色丝质宽带，在腰以下打结后自然垂落。腰带的中间和两侧有宝石镶嵌，另有彩绦在腰部多层环绕，并在两侧下垂。菩萨鬓发绕耳，余发披肩，头上佩戴化佛冠，冠体正中和两侧有五颗莲花纹绿宝石镶嵌其上，冠缯从头后两侧垂落。臂钏为莲花纹红宝石镶嵌，自冠缯延伸的长带与璎珞一起绕臂下落。

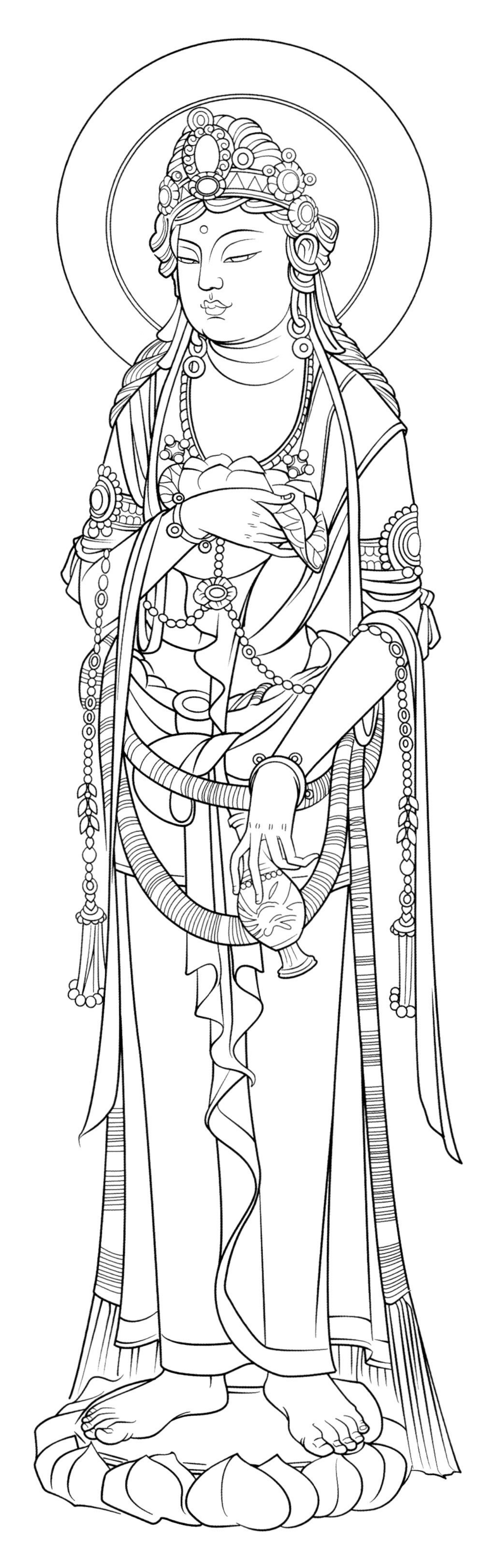

图：王唯维

莫高窟盛唐第445窟主室北壁菩萨服饰一

图文：刘元风

菩萨面相慈祥端庄，眉目含笑。左手轻扶络腋，右手轻托莲花，身体微微倾向右侧，呈跏趺坐姿态，脚踩莲花座。菩萨头上佩戴华丽的宝冠，冠体中间与左右各镶嵌有三颗宝石，冠缯在两侧打成花结，臂钏与手镯造型结构相一致，璎珞经胸、腹飘垂于身前。菩萨斜披深棕色络腋，下身穿绣有淡灰色四瓣花纹的透体罗裙，腰间系有黑色腰裙，腰带上有珠串装饰。同时，腰部还围裹绿色宽带，并在腿部自然缠绕，其两端垂于两腿之间；肩披丝织络腋，绕左右臂自然飘落，与腰部的宽带相呼应，给人以静中有动的视觉效果。

图：蓝津津

莫高窟盛唐第445窟主室北壁菩萨服饰二

图：刘元风

菩萨面容温婉可人，眉间画白毫。左手轻托莲花，右手放于膝部，坐姿舒展，脚踩莲花座。上身斜披赭红色的络腋。络腋有精致的绲边装饰。下身着浅褐色宽绰的裙子，腰部围裹有绿色的宽带，与肩部披着的绿色和赭红色彩带融为一体。菩萨头束高髻，余发垂肩，佩戴化佛冠。冠体左右各有两颗绿宝石镶嵌，冠缯打结贴于耳后，自冠缯延伸下来的白色细带绕臂飘落，左、右臂钏均镶嵌有绿宝石，与头冠装饰相协调。自项圈两侧垂下的长瓔珞环膝缠绕。

图：蓝津津

莫高窟盛唐第445窟主室南壁菩萨服饰

图：吴波　文：赵茜、吴波

菩萨有头光，宽额丰颐，弯眉长目，高鼻厚唇，容貌端庄秀美，神态怡然，双手捧青莲，身材修长，姿态典雅，赤脚立于宝座之上。此身菩萨服饰华美精致，梳高髻，戴宝冠。菩萨斜挎条帛或称络腋衣，从左肩部斜垂至右边肋下。双肩搭饰带有小花纹样的披帛，戴臂钏、手镯，腰部饰有璎珞。下着围腰和长裙，长裙似两层，围腰外裹于长裙之上并在身前打结，结带随裙子自然垂落，增加了飘逸感。

图：刘畅

莫高窟盛唐第446窟主室西壁龛内北侧彩塑菩萨服饰

图文：刘元风

此身彩塑菩萨头束高髻，面容端庄华美，秀目朱唇，额上有白毫，头后有火焰纹头光，内饰半团花纹样。菩萨上身袒裸，皮肤光洁如玉，跣足站于莲花台上，左臂贴体下垂，右手持莲叶和莲蕾；下身穿浅褐色多褶曳地长裙，其多彩的蔓草花纹呈波浪状装饰在裙子的相应部位，颇具流动性的节奏感。腰部系绿色的腰裙且镶饰荷叶形贴边。长长的璎珞自颈部两侧向下垂落并在双膝缠绕，由肩部披下的黄色彩带与裙子相映成趣而飘落左右。

图：常青

莫高窟盛唐第446窟主室南壁西侧菩萨服饰

图：吴波 文：赵茜、吴波

菩萨梳高髻，有头光，戴宝冠或称三珠冠，在宝冠的中央及两侧有三颗圆形宝珠；眉眼俊秀，高鼻厚唇，戴手镯、璎珞。菩萨双手捧红莲置于胸前，赤足立于宝座之上。菩萨内着络腋，下着围腰和长裙；外穿披帛，披帛颇似宽幅披肩，披覆在双肩上，轻薄的带状条帛从左右两肩垂绕两臂。披帛一面为赭红色，另一面为石绿色，围腰为深色，长裙有小散花纹样。菩萨重心稳定，姿态典雅，动静相宜。

图：王晖维

中晚唐

莫高窟中唐第159窟主室东壁北侧化菩萨服饰

图文：刘元风

化菩萨头梳高髻，佩戴花冠，花冠之上有五朵含苞待放的莲花，头后饰有莲花背光，绚丽夺目。化菩萨双手捧香钵，跣足立于莲花座之上；上身穿翻领薄纱透体衫；下身着红色褶裙，下摆有蓝色贴边。腰间有绿色的腰裙，并有白色绶带垂落身前，蓝绿色披帛绕臂飞舞在身体左右。

图：蓝津津

莫高窟中唐第159窟主室西壁龛内南侧彩塑菩萨服饰

图文：刘元风

此身彩塑菩萨身体稍稍向右倾斜，重心移至左腿，右臂自然下垂，左手抬起，右手轻提披帛。菩萨高髻危耸，余发披肩，脸型圆润，颜貌端庄，双眉呈柳叶形，眼角微微上翘，唇边留有胡须，颈下有三道褶纹，肌肤素净，神态大方。菩萨衣着华丽，上身内穿僧祇支，红色底上有绿色和白色相间的茶花图案，胸部下方有细带系结；下身穿红色落地长裙，上面装饰以青绿色缠枝团花纹样，腰间翻折出饰以荷叶边的绿色腰裙，外披丝质披帛，从左至右在身前绕过，上面满饰卷草纹与云头纹相间的图案。

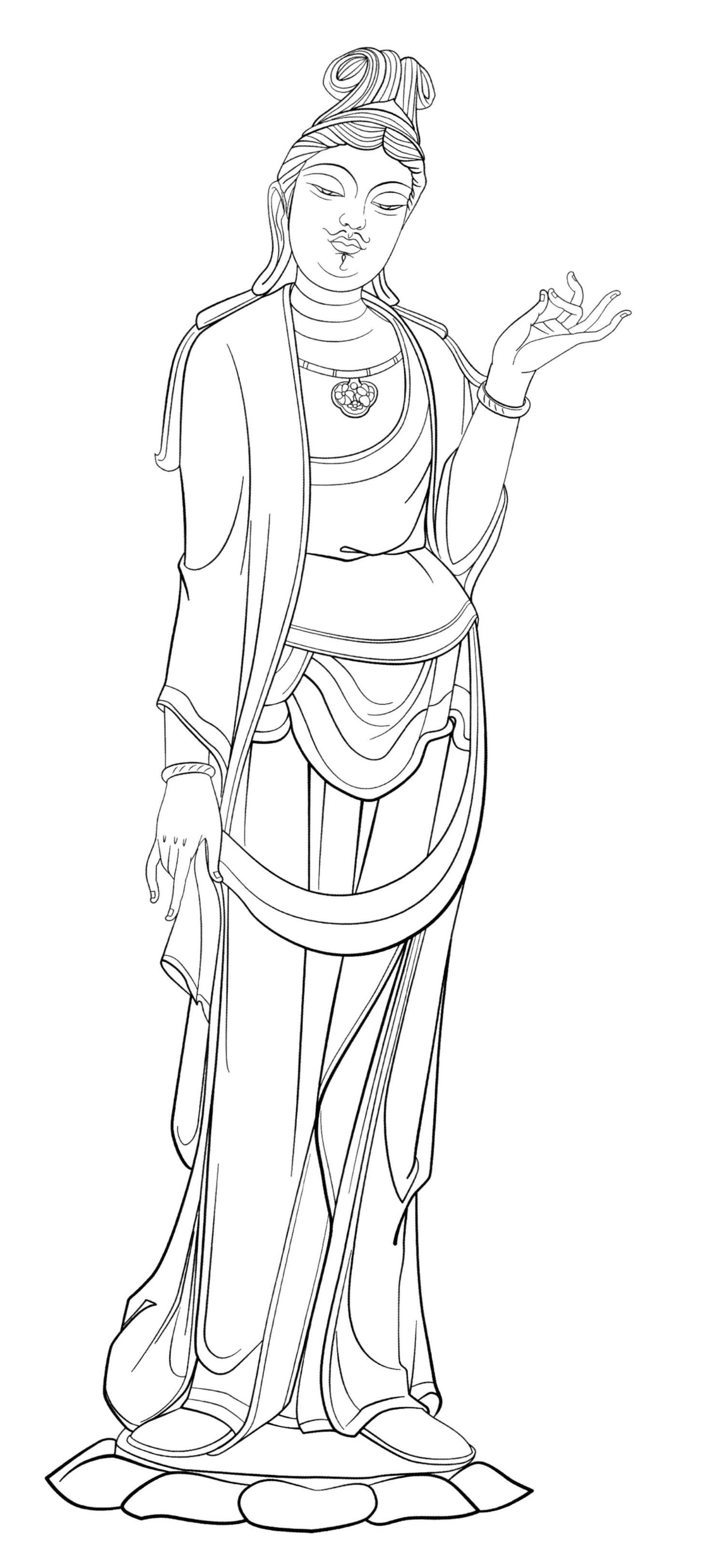

图：常青

莫高窟中唐第199窟主室西壁龛外北侧大势至菩萨服饰

图文：刘元风

大势至菩萨神情洒脱，面容丰润，弯眉秀目，蝌蚪形胡须，左手轻拈璎珞垂珠，右手托琉璃花瓶，足踏莲花台。菩萨佩戴的五朵莲花冠，其中左右两侧的莲花花蕊与流苏相连而垂于耳旁，头顶有肉髻，肉髻上装饰以宝瓶。菩萨的整体服饰飘逸、淡雅，内穿绿色僧祇支，外披浅米色和石绿色双面披帛绕臂垂落于身体两侧，下着浅红色落地阔裙，腰间的白色腰裙装饰深褐色贴边，白色的绶带垂落于身前，耳饰、手镯和全身璎珞与服饰融为一体，共同营造出飘飘欲仙的审美感受。

图：蓝津津

榆林窟中唐第25窟主室北壁大势至菩萨服饰

图文：刘元风

大势至菩萨容貌端庄典雅，留有蝌蚪形胡须，神态和悦，头梳高髻且后倾，长发分披两肩，有头光。头戴莲花宝冠，其左右两端莲花的花蕊与流苏相连，冠缯垂于身后，跣足站于白色的莲花台之上。大势至菩萨内穿浅米色的络腋，肩披绿白双色披帛交叠绕臂，在身体的前面和侧面飘洒。下着红色长裙，裙摆装饰褐色的贴边，绿色的内裙垂至脚踝处，并有花瓣状的环形装饰。腰部系深红色条带，并有白色的绶带打花结垂落身前。菩萨所佩戴的手镯和全身璎珞相呼应，头饰的流苏和璎珞的流苏相映成趣。

图：刘畅

图文：刘元风

菩萨内穿红色僧祇支，下着褐红色阔裙，下摆为蓝灰色贴边，腰间系有赭石色宽腰带，白色的绶带自腰部向下垂落身前和莲花座上，身披蓝绿双色的披帛环绕两臂后飘落左右。菩萨头梳云髻，眉间饰白毫，长发分披两肩，佩戴宝冠，冠体的正面自下而上镶嵌有三颗宝石，两侧有羽翅状装饰，冠缯与流苏垂于耳后。华美的珠宝项饰，引人注目，项链两侧饰以三色彩条，全身璎珞自上而下装饰在裙子的底部。

图：蓝津津

榆林窟中唐第25窟主室南壁提净瓶胁侍菩萨服饰

图文：刘元风

提净瓶胁侍菩萨相貌圆润，皮肤光洁如玉，长眉细目，眉心饰白毫，有蝌蚪形胡须，体态玉树临风，比例匀称，曲线凸显，左手做印，右手提净瓶，跣足立于莲花台之上。菩萨上身袒露，斜披橙色和淡黄色的络腋；下穿红色长裙，裙下摆处的羊肠状褶皱，弯弯曲曲，重重叠叠，独具美感。腰部的黄绿双色腰襻在身前系结并交错而落。菩萨头梳高髻且横挑脑后，卷发披肩，佩戴花冠，耳饰、臂钏、手镯式样形态整体一致。长璎珞从身体的前面和两侧飘落，黄绿双色披帛环绕两肩而呈蛇形飞舞。

图：常青

榆林窟中唐第25窟主室南壁观世音菩萨服饰

图文：刘元风

观世音菩萨看上去悠然自在，左手提净瓶，右手轻拈柳枝，跣足站于莲花台之上。菩萨内穿红色僧祇支，下部系有绿色的带子；下着白色长裙，裙摆处有暖灰色贴边，底部露出红色的内裙。腰部装饰以镶嵌各色宝石的腰带，身上披白绿双色披帛，在身体的两侧垂落，并覆盖于莲花台上，别有一番情趣。菩萨头梳双髻，余发分披两肩，佩戴化佛冠，冠体的上、下、左、右各有一朵含苞待放的莲花，左、右的莲花与流苏相连。

图：蓝津津

莫高窟晚唐第14窟主室南壁西侧金刚母菩萨服饰

图文：刘元风

金刚母菩萨相貌端庄沉静，眉毛修长，秀目内视，眉心饰白毫，两耳垂肩；双手结禅定印，结跏趺坐于莲花台上。其身体比例匀称，玉肩蜂腰，姿态优雅，斜披薄纱透体披帛，披帛上装饰白色和淡绿色的小朵散花。下穿透明的网纱合体长裤，同样有浅棕色和淡绿色的小朵散花点缀其间。金刚母菩萨发髻高耸，曲发披肩，头戴巍峨、华丽的化佛三山宝冠，蓝白两色的海螺串装饰在头部的两侧。在背光和头光的映衬下，更显其精致典雅。

图：蓝津津

图文：刘元风

菩萨姿态雍容，神态恬静，头梳云髻，余发披肩，佩戴珠玉和莲苞装饰的宝冠，冠体两侧的莲苞花蕊与红色的流苏相贯，白色的冠缯与缎带垂落在头部的两侧和胸前。同时，项饰璎珞的左右也有三条红、绿彩带飘落。菩萨身穿朱红色的袈裟，肩部和手臂处翻出绿色的袈裟内里，下身着绿色的长裙，裙摆处有褐色的贴边，脚踝处有玫红色花瓣状的环形装饰，白色的长带从袈裟底部露出，垂落在身前和莲花台之上。菩萨头光上的华盖造型多姿多彩，其中的绿色流苏错落有致，点缀在头光的上部。

图：常青

图文：刘元风

引路菩萨形象丰润，留有胡须，神情和悦典雅，左手持莲花枝，莲茎上挂有引路小幡；右手持长柄香炉，两足分踏莲花台之上。菩萨的璎珞、耳环、手镯等装饰物造型风格统一。上身披着深绿色的披帛，并有红色的缘边，缘边上装饰有华丽的连续性团花纹样；下穿黄色的落地长裙，下摆饰以黑色的贴边。裙子的两侧被璎珞所兜揽。自腰部向下垂着红色的宽带和黄色的绶带，并缀以宝石珠串和花结。另外，腰间系结的黑色细带和在两肘与腹前缠绕的绿色飘带相映成趣。

图：蓝津津

敦煌藏经洞出土唐代绢画持柄香炉菩萨服饰

图文：刘元风

持炳香炉菩萨形象华美而威严，眼睛凝视前方，神情沉稳而端庄。菩萨左手持长柄香炉，头梳双髻，余发披散两肩，佩戴莲花冠，五朵莲花分布在宝冠的上方和两侧，浅黄色的冠缯在头部的两侧垂落。宝冠的流苏与长璎珞相映成趣。菩萨上身内穿红色的僧祇支，下穿土红色的覆脚长裙，裙摆装饰以深绿色的贴边。外披棕色的披帛，红色长带上刺绣有半圆形连珠纹的连续图案。腰间系有由三角形色块拼接而成的宽腰带。由宝冠上部垂延至膝的淡黄色长缎带与自腰部垂下的淡黄色绶带相互交叠，绶带在腰部打花结后垂落在莲花座上，继而又翻折落至莲花座下。

图：蓝津津

图文：刘元风

地藏菩萨佩戴瓔珞和臂钏，上身穿灰紫色和灰绿色相拼的右袒衣，下着同样灰绿色的长裙，裙底摆处饰以紫色的贴边。最为引人注目的是菩萨身披的袈裟，看似由麻织物制作而成，上面点缀着不规则的晕染色块纹饰，类似当时袈裟上常见的山水纹样；在印染工艺上，又近似染缬或刺衲工艺，给人一种朦胧的美感。

图：蓝津津

敦煌藏经洞出土唐代绢画金刚菩萨服饰

图文：刘元风

金刚菩萨上身袒裸，下身从腰部到腿部用窄幅的红、黄、蓝三色相间的棉织物缠裹，织物上有手工染色的几何形图案。自腰部垂下红色的装饰带飘落于两腿之间。腰胯部还围裹着玫红色的腰襻，上面点缀白色的散花纹样，在侧面打结而随身垂落。金刚菩萨梳卷曲的发辫，披散在双肩之上，头上佩戴金黄色的三山冠，耳饰、项饰、臂钏、手镯等装饰品形式统一，光彩夺目。身体两侧的莲茎形态优美，起到陪衬和装饰效果。

图：常青

图文：刘元风

水月观音菩萨以半跏趺姿态坐于莲花池的岩石之上，左脚搭于右腿上，右足踏在莲花台上，双手抱着左膝，一副闲适恬淡、悠然自得的神情。四周是热带特有的珍奇植物，一种南国风光荡漾其间。水月观音身穿红色的络腋，络腋内里为浅蓝色；下着红色的长裙，腰部翻折出白色的裙缘，并系有绿色和浅黄色的双面飘带，裙子下摆处是土黄色的贴边，红色的络腋和裙子上均装饰着精致的白色花纹。

图：常青

敦煌藏经洞出土唐代绢画观世音菩萨服饰

图文：张春佳

观世音菩萨身披飘带，手执莲花与净瓶，头顶化佛冠。菩萨头光图案为水波纹，富于流动感。除了头部宝冠，从颈部璎珞垂下的分支可以看到这样成串的璎珞在腰部交汇并向下垂坠，后于腿部绕裙向后回扣。菩萨肘部有襞褶装饰，腰部围绕腰裙并垂丝绦，膝盖处也有收束并装饰襞褶，裤腿散开，脚踩莲花。画面整体用色较为饱和，并注重左右相对对称的均衡感，符合中唐的安稳大气之态。

图：王绮璠

局部

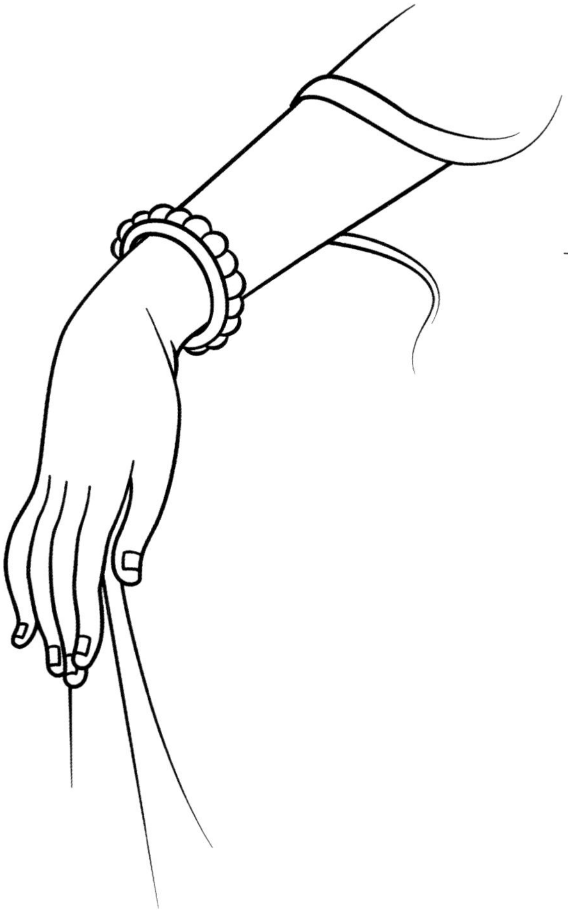

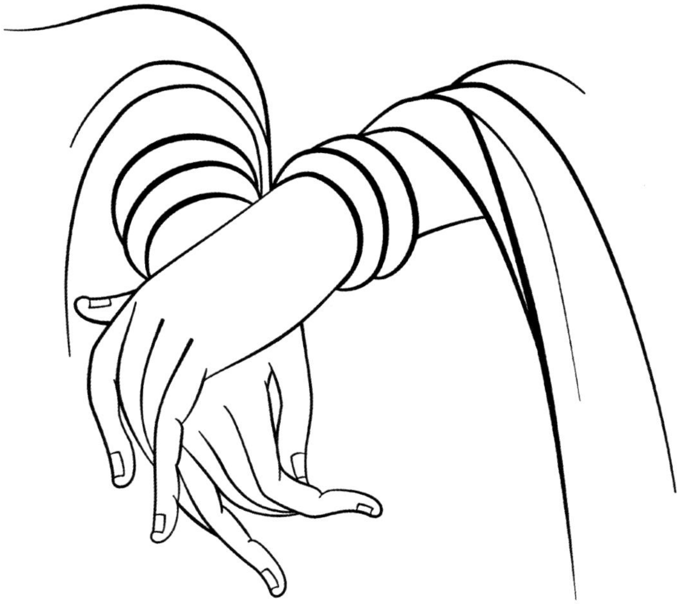

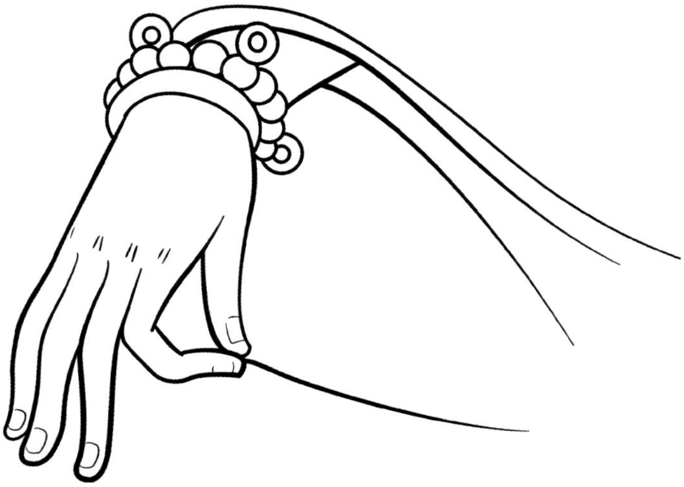

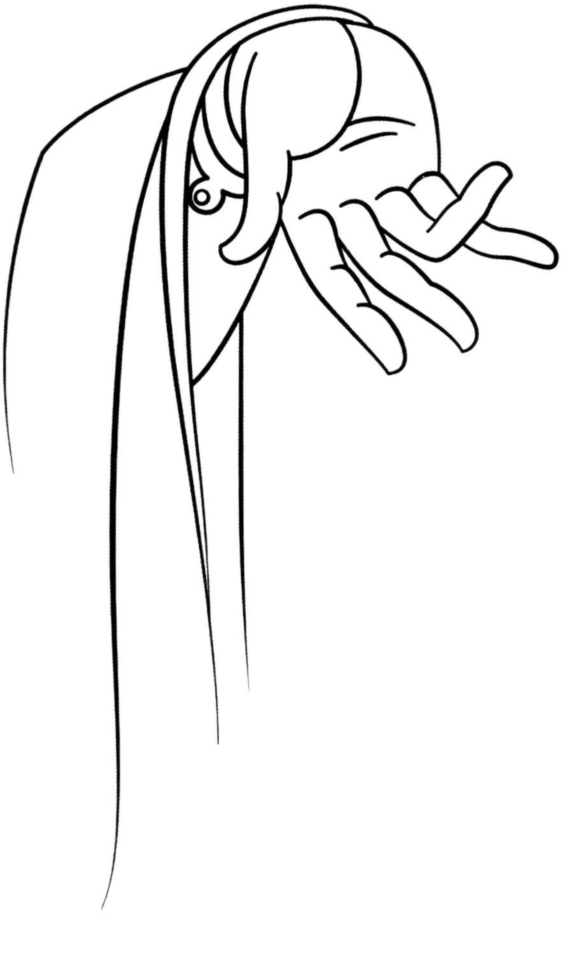

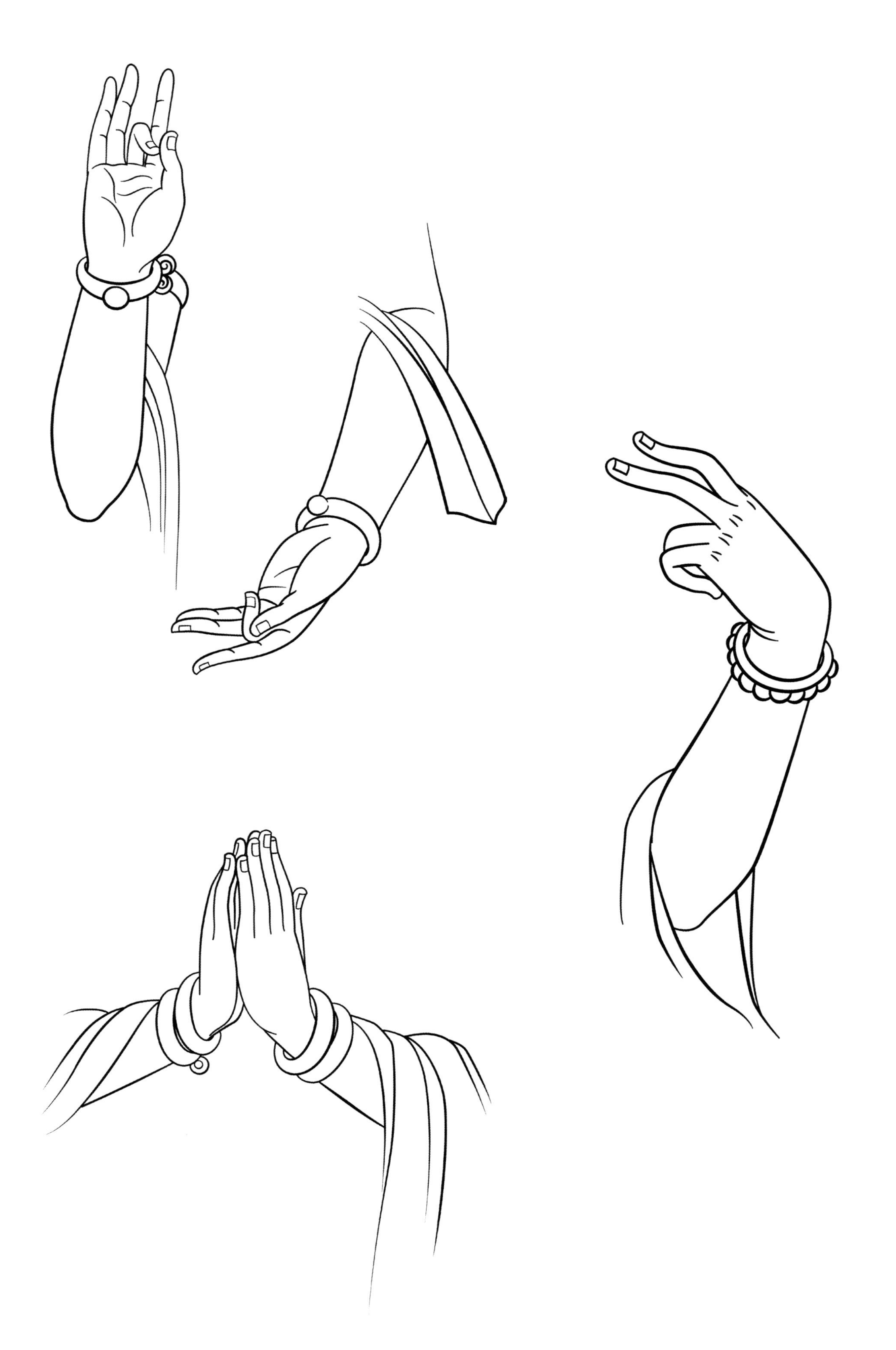

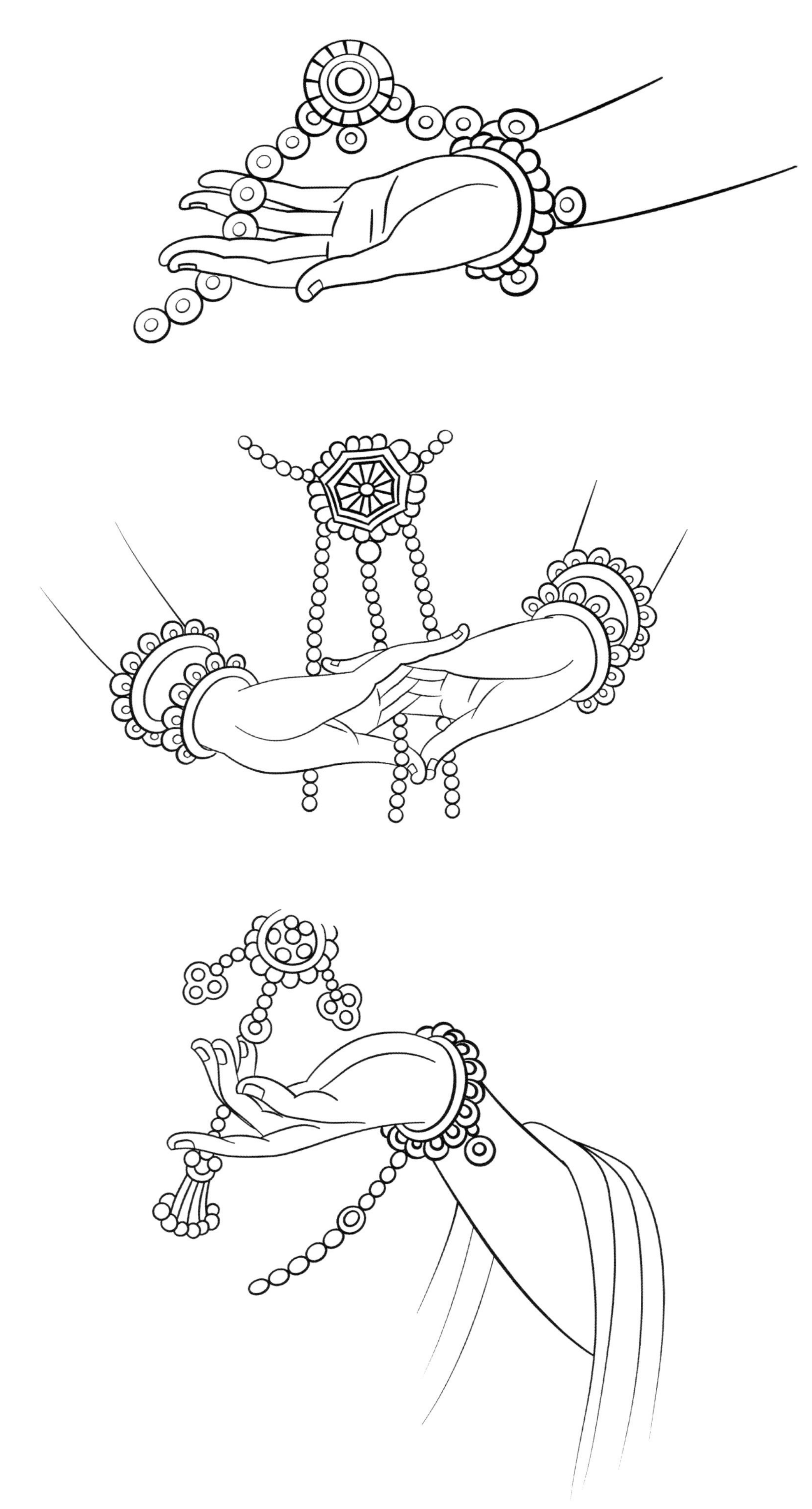

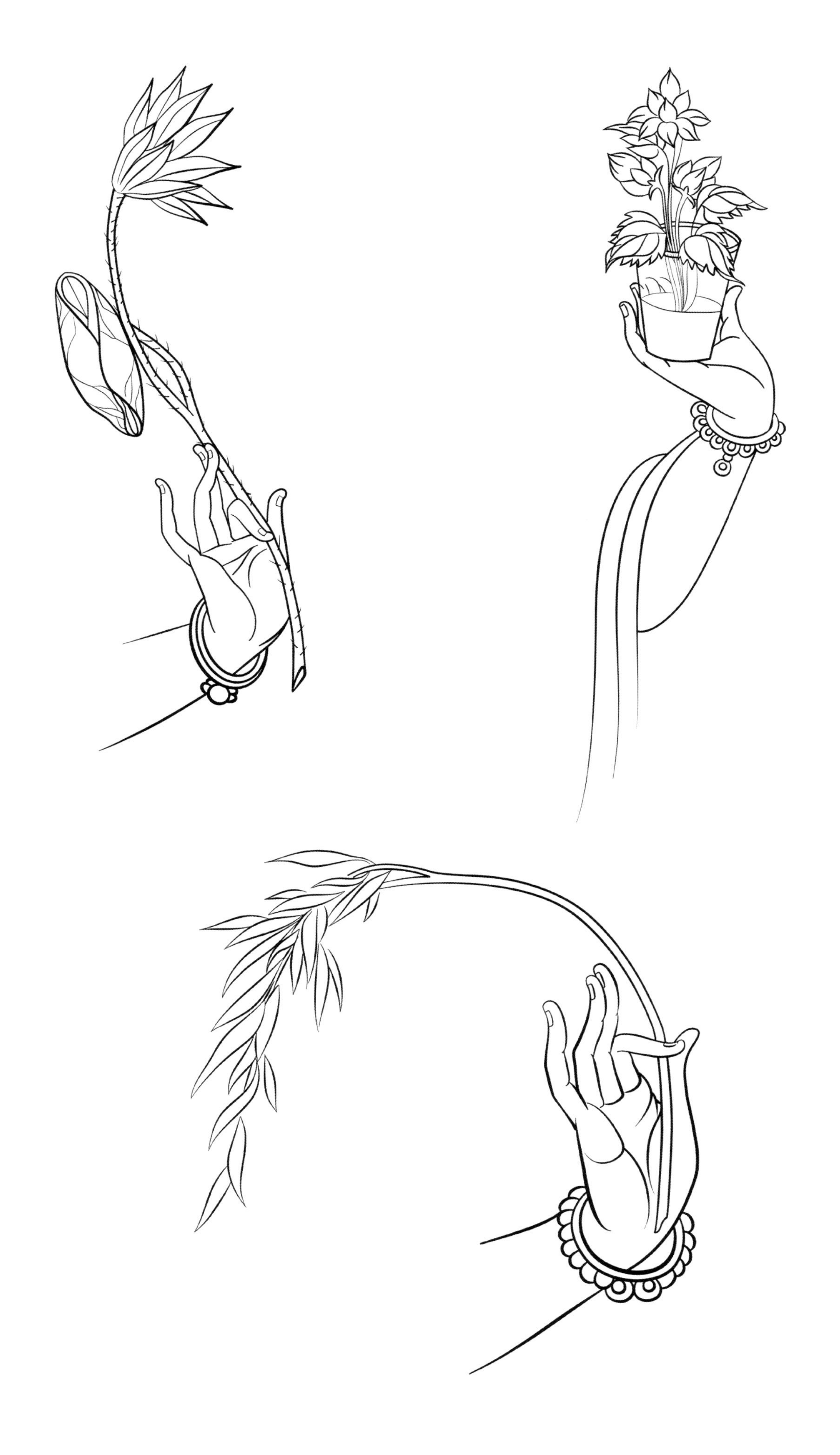

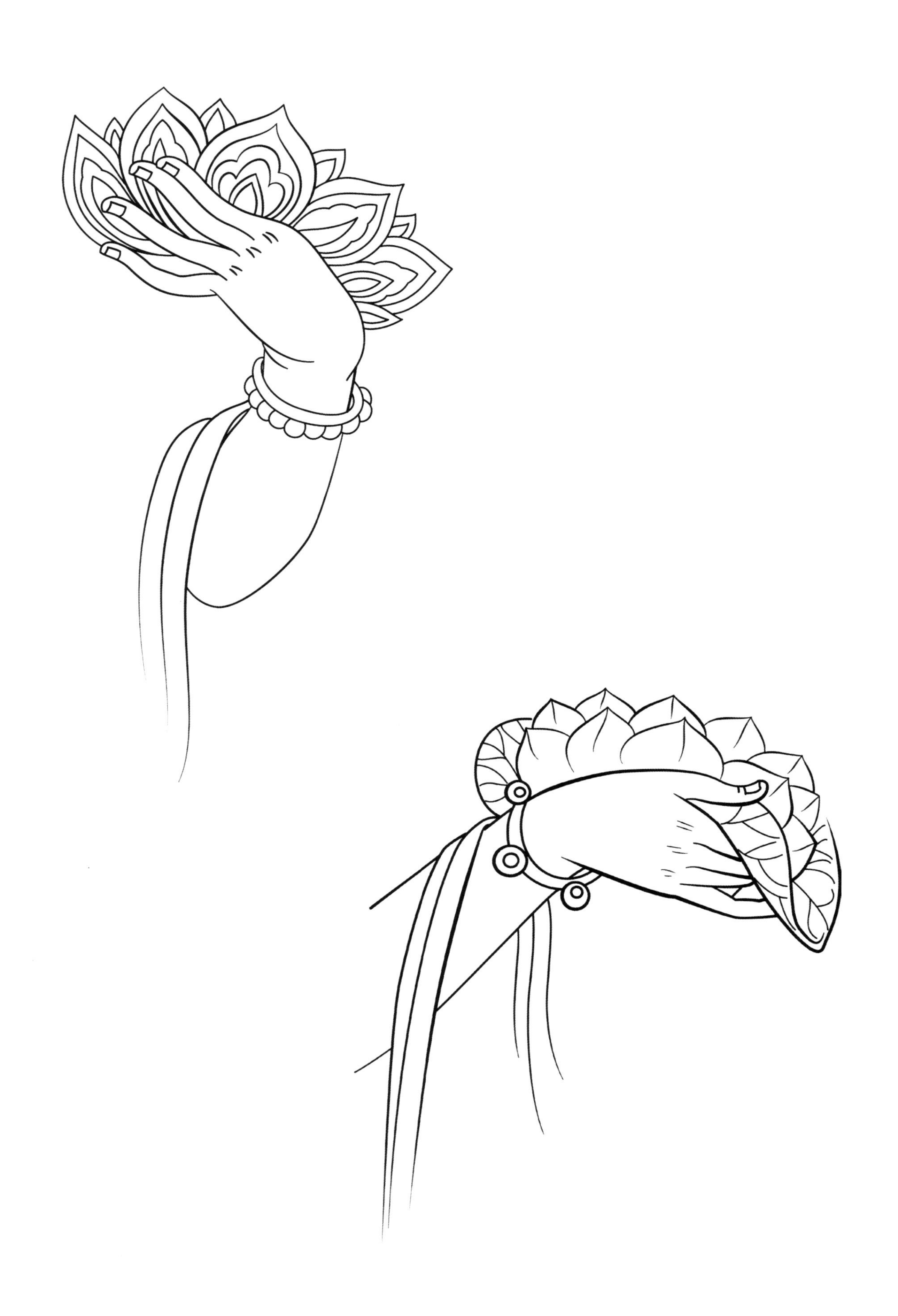

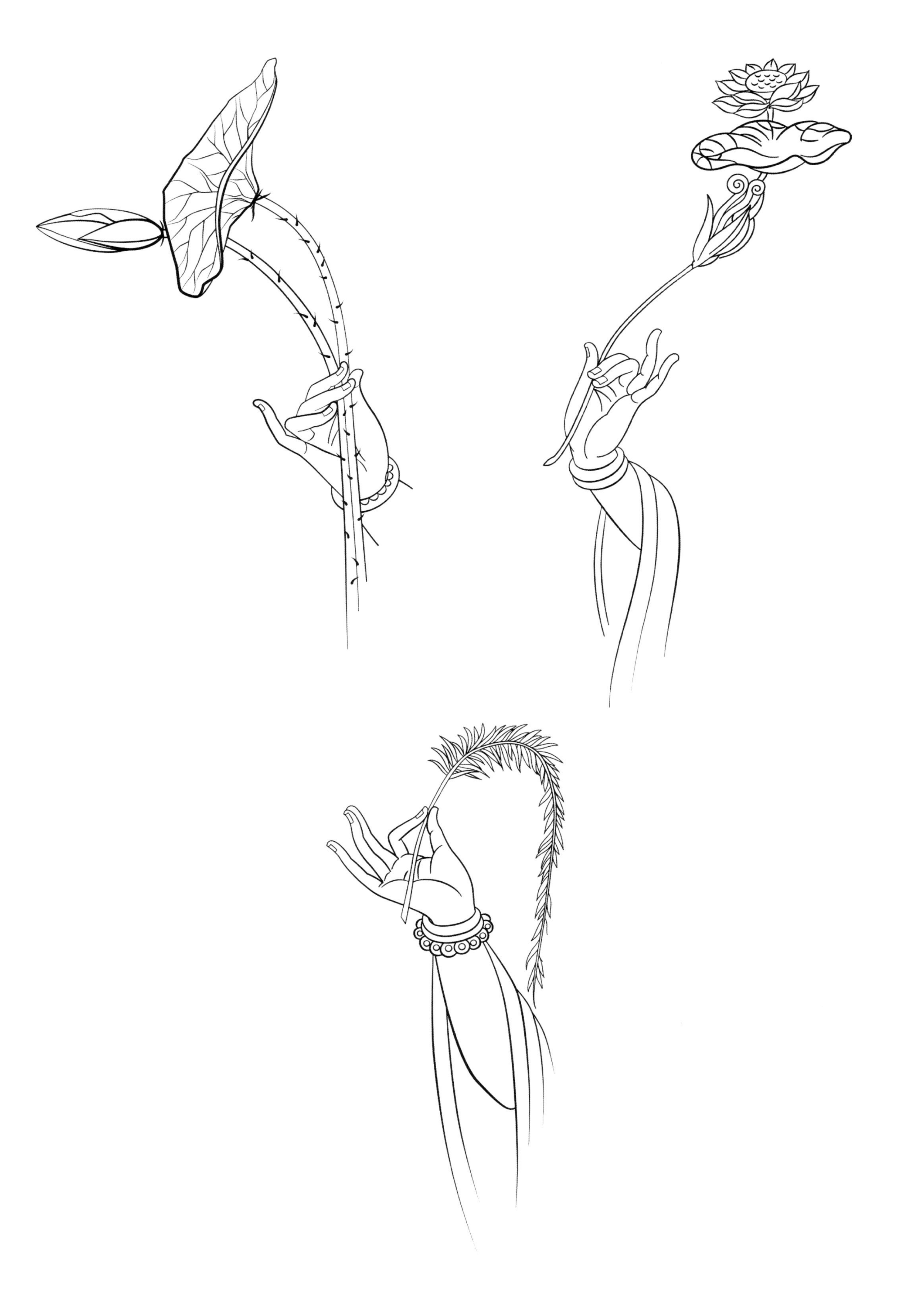

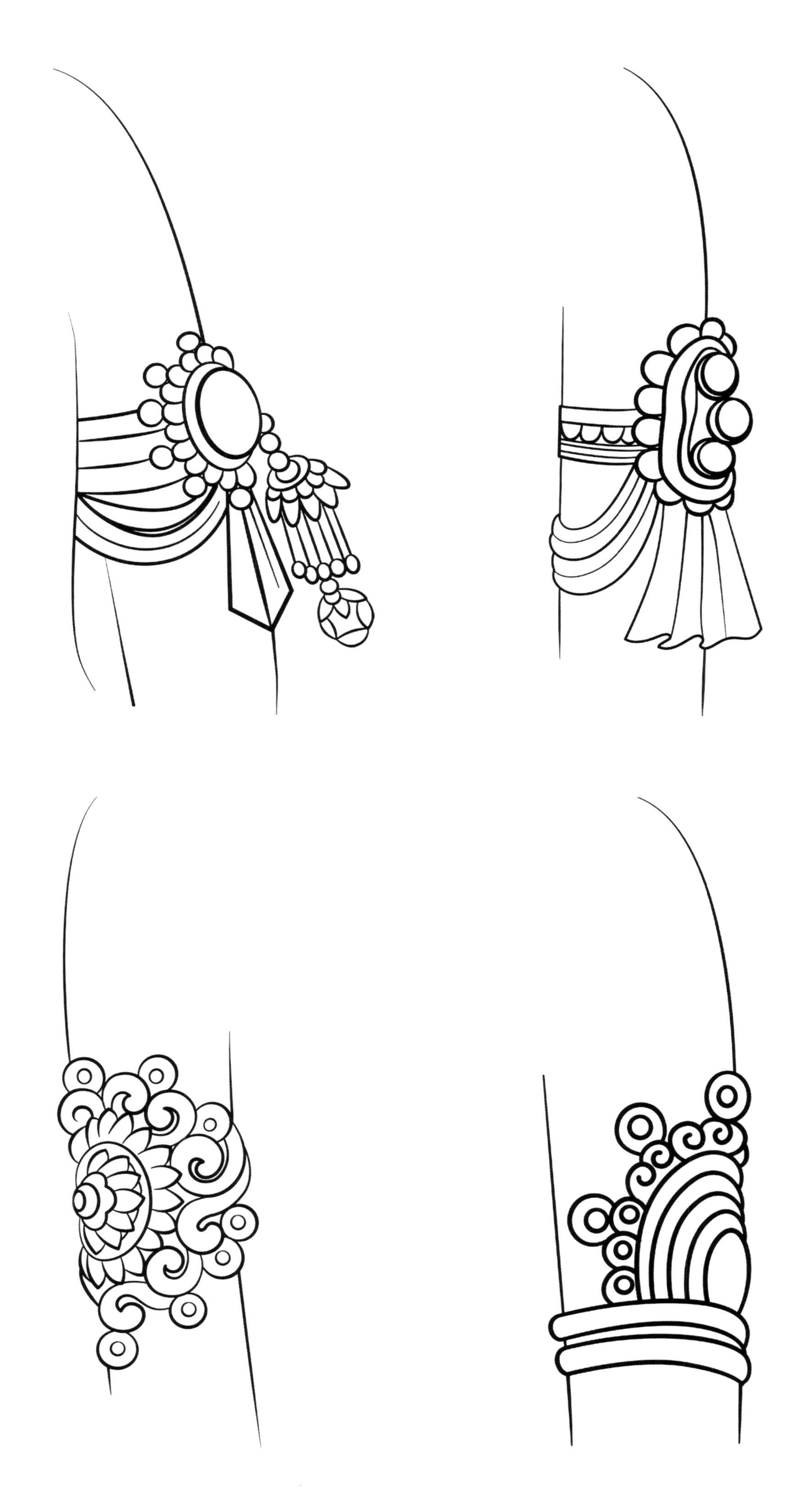